T0010073

Cambiemos el mundo

Cambiemos el mundo

#huelgaporelclima

Greta Thunberg

Traducido del inglés por
Aurora Echevarría

Lumen

Papel certificado por el Forest Stewardship Council®

Primera edición: mayo de 2019
Segunda reimpresión: febrero de 2020

Printed in Spain – Impreso en España

ISBN: 978-84-264-0730-6
Depósito legal: B-10765-2019

Compuesto en M. I. Maquetación, S. L.
Impreso en Gómez Aparicio, S. L.
Casarrubuelos (Madrid)

H 4 0 7 3 0 6

Penguin
Random House
Grupo Editorial

Desde que, un viernes de agosto de 2018, Greta Thunberg iniciara su huelga en solitario por el clima delante del Parlamento sueco, prendiendo la mecha de un movimiento que se ha propagado por el mundo, ha tenido oportunidad de tomar la palabra en numerosas ocasiones. Este libro recoge las poderosas palabras pronunciadas en la Marcha por el Clima que tuvo lugar en Estocolmo, el 8 de septiembre de 2018; en Bruselas, el 6 de octubre de 2018, y en Helsinki, el 20 de octubre de 2018; en el Parliament Square, Londres, para la Declaración de Rebelión XR el 31 de octubre de 2018; en la conferencia

TedX, en noviembre de 2018; en la reunión de YOUNGO COP24 en Katowice ante el secretario general de la ONU, el 3 de diciembre de 2018; en Davos, el 25 de enero de 2019; las que publicó en Facebook el 2 de febrero de 2019, y las que pronunció ante el Consejo Económico y Social de la Unión Europea ese mismo mes.

CAMBIEMOS EL MUNDO

La primera vez que oí hablar de algo llamado «cambio climático» o «calentamiento global» tendría unos ocho años. Era algo que, por lo visto, habíamos provocado los seres humanos con nuestro estilo de vida. Me dijeron que apagara las luces para ahorrar energía y que reciclara el papel para ahorrar recursos.

Recuerdo que pensé que era muy extraño que los seres humanos, siendo solo una especie animal más, fuésemos capaces de cambiar el clima de la Tierra. Porque si fuera así y realmente estuviera sucediendo eso, no se hablaría de otra cosa. Al encender el televisor todo giraría en torno a ello: titulares, emisoras de radio, periódicos. No leeríamos ni oiríamos hablar de otro tema. Como si hubiera una guerra mundial.

Pero nunca se hablaba de esto.

Si quemar combustibles fósiles era tan malo que amenazaba nuestra misma existencia, ¿por qué seguíamos como antes? ¿Por qué no había restricciones? ¿Por qué no los prohibían?

Para mí no tenía sentido. Era demasiado increíble.*

* Del discurso en Parliament Square, Londres, para la Declaración de Rebelión XR, el 31 de octubre de 2018.

Y entonces, a los once años, enfermé. Caí en una depresión. Dejé de hablar. También dejé de comer. En dos meses perdí unos diez kilos.

Al poco tiempo me diagnosticaron síndrome de Asperger, Trastorno Obsesivo Compulsivo y mutismo selectivo. Esto último significa, básicamente, que solo hablo cuando lo creo necesario. Este es uno de esos momentos.

Para los que estamos en ese espectro, casi todo es blanco o negro. No se nos da muy bien mentir y no solemos sentir mucho interés por participar en el juego social que tanto parece agradar a todos los demás.

Creo que, en muchos sentidos, los autistas somos los normales y el resto de la gente es bastante extraña.

Particularmente con respecto a la crisis de sostenibilidad, en la que todos dicen y repiten que el cambio climático es una amenaza existencial y el problema más grave al que nos enfrentamos, y, sin embargo, siguen haciéndolo todo como antes.

No lo entiendo. Porque si las emisiones tienen que parar, entonces debemos pararlas. Esto es blanco o negro. No hay grises cuando se trata de sobrevivir. O continuamos existiendo como civilización o no. Tenemos que cambiar.

Es necesario que países como Suecia empiecen a reducir sus emisiones un 15 por ciento como mínimo cada año. Esto nos permitiría mantener el aumento de la temperatura por debajo de los 2 °C. Sin embargo, como ha demostrado no hace mucho el Grupo Intergubernamental de Expertos en Cambio Climático (IPCC), aspirar no a esos 2 °C sino a 1,5 °C reduciría considerablemente el impacto climático; pero es fácil imaginar lo que implica semejante reducción de las emisiones. Sería lógico esperar que todos nuestros dirigentes y los medios de comunicación no hablaran de otra cosa, pero ni siquiera lo mencionan. Tampoco se mencionan los gases de efecto invernadero que ya están atrapados en la atmósfera ni que la contaminación del aire está ocultando el calentamiento, así que cuando dejemos de quemar combustibles fósiles, el calentamiento ya habrá aumentado aún más, quizá incluso entre 0,5 y 1,1 °C.

Tampoco se habla apenas de que estamos inmersos en la sexta extinción masiva y que hasta doscientas especies se extinguen a diario. Ni de que a día de hoy el índice de extinción natural es entre mil y diez mil veces más alto de lo que se considera normal.

Por otra parte, nunca se habla del principio de equidad o justicia climática, claramente expuesto en el Acuerdo de París, algo absolutamente necesario para que este funcione a escala mundial. Eso significa que los países ricos tienen que reducir las emisiones a cero en un plazo de seis a doce años a la velocidad actual de las emisiones, y eso para que las personas que viven en los países más pobres puedan mejorar su nivel de vida construyendo algunas de las infraestructuras de las que nosotros ya disponemos, como carreteras, hospitales, instalaciones eléctricas, escuelas y agua potable. Porque ¿cómo podemos esperar que países como la India o Nigeria se preocupen por la crisis climática si nosotros, que lo tenemos todo, no nos preocupamos ni un segundo por ella ni por nuestros compromisos con el Acuerdo de París?

Entonces, ¿por qué no estamos reduciendo las emisiones? ¿Por qué siguen, de hecho, aumentando? ¿Estamos provocando deliberadamente una extinción masiva? ¿Somos malvados?

No, por supuesto que no. La gente sigue haciendo lo mismo porque la inmensa mayoría no tiene ni idea de las implicaciones de nuestra vida diaria. Y no son conscientes de que urge un cambio.

Todos creemos saberlo y todos creemos que todo el mundo lo sabe. Pero no es así. Porque ¿cómo vamos a saberlo?

Si en verdad hubiera una crisis y si esa crisis estuviera provocada por nuestras emisiones, ¿veríamos al menos alguna señal? No solo ciudades inundadas, decenas de miles de muertos y países enteros arrasados, reducidos a escombros: veríamos alguna restricción.

Pero no. Y casi nadie habla de ello. No hay titulares, ni reuniones urgentes, ni noticias de última hora. Nadie actúa como si estuviéramos en una crisis. La mayoría de los climatólogos y de los representantes de los partidos ecologistas continúan viajando por el mundo en avión y consumiendo carne y lácteos.

Si vivo hasta los cien años, en 2103 aún estaré viva. Cuando ustedes piensan en «el futuro», no piensan más allá del año 2050. Para entonces, en el mejor de los casos, no habré vivido ni la mitad de mi vida. ¿Qué ocurrirá después?

En el año 2078 cumpliré setenta y cinco años. Si tengo hijos, quizá pasen ese día conmigo.

Tal vez me pregunten por ustedes. La gente que en 2018 estaba aquí.

Tal vez me pregunten por qué no hicieron nada cuando todavía había tiempo para actuar.

Lo que hagamos o dejemos de hacer ahora afectará a toda mi vida y a la de mis hijos y nietos.

Y lo que hagamos o dejemos de hacer ahora ni mi generación ni yo misma podremos deshacerlo en el futuro.

Así que cuando empezaron las clases en agosto de este año, decidí que hasta aquí habíamos llegado. Me senté delante del Parlamento sueco. Me declaré en huelga estudiantil por el clima.

Algunas personas dicen que debería estar en el colegio. Otras que debería estudiar para ser climatóloga y así poder «resolver la crisis climática». Pero esta crisis ya está resuelta. Ya tenemos los datos y las soluciones.

Lo único que hay que hacer es despertar y cambiar.

¿Y por qué debería estar estudiando por un futuro que pronto podría dejar de existir cuando nadie está haciendo absolutamente nada por salvarlo? Además, ¿qué sentido tiene aprender datos dentro del sistema educativo cuando es evidente que los datos más importantes que nos proporciona la ciencia más erudita dentro de ese mismo sistema educativo no significan nada para nuestros políticos y para nuestra sociedad?

Mucha gente dice que Suecia es un país pequeño y que no importa lo que hagamos. Y si unos pocos niños y niñas podemos acaparar los titulares de todo el mundo solo por faltar al colegio unas pocas semanas, imagínense lo que podríamos conseguir si decidiéramos actuar todos juntos.

Y aquí es donde la gente suele ponerse a hablar de esperanza. Placas solares, energía eólica, economía circular y demás.

Pero yo no voy a hacerlo. Hemos estado soltando discursos motivacionales y vendiendo ideas positivas durante treinta años. Y lo siento, pero no funciona. Porque si hubiera funcionado, a estas alturas las emisiones habrían disminuido. Y no han disminuido.

Y sí, necesitamos esperanza, claro que sí. Pero más que esperanza, lo que necesitamos es acción. Cuando empezamos a actuar, la esperanza está por todas partes. De modo que, en lugar de buscar esperanza, busquemos acción. Entonces, solo entonces, llegará la esperanza.

Actualmente utilizamos cien millones de barriles de petróleo al día. No hay políticas para cambiar eso. No hay leyes para que ese petróleo se quede bajo tierra.

De modo que no podemos salvar el mundo acatando las reglas. Porque las reglas tienen que cambiar.

Todo tiene que cambiar.

Y tiene que empezar a cambiar hoy.*

* Conferencia TedX, noviembre de 2018.

El verano pasado, el climatólogo Johan Rockström y varios colegas escribieron que tenemos tres años como mucho para revertir el aumento de las emisiones de gas de efecto invernadero si queremos alcanzar los objetivos establecidos en el Acuerdo de París.

Ya ha pasado más de un año y dos meses, y en este tiempo muchos otros científicos han dicho lo mismo, muchos indicadores han empeorado y las emisiones de gas de efecto invernadero continúan aumentando. De modo que quizá tengamos incluso menos tiempo que el año y diez meses que, según Johan Rockström, nos queda.

Si la gente supiera esto, no tendría que preguntarme por qué «me apasiona tanto el cambio climático».

Si la gente supiera que, según los científicos, tenemos un 5 por ciento de posibilidades de alcanzar el objetivo de París, y fuese consciente del escenario de pesadilla al que nos enfrentaremos si no mantenemos el calentamiento global por debajo de los 2 °C, no me preguntaría por qué hago huelga estudiantil delante del Parlamento.

Porque si todos supieran lo grave que es la situación y lo poco que se está haciendo realmente al respecto, vendrían y se sentarían a nuestro lado.

En Suecia vivimos como si tuviéramos los recursos de 4,2 planetas. Nuestra huella de carbono es una de las diez peores del mundo. Esto significa que anualmente Suecia roba 3,2 años de recursos naturales a las generaciones futuras. Los que formamos parte de estas generaciones futuras queremos que Suecia deje de hacerlo.

Ahora mismo.

Esto no es un texto político. Esta huelga estudiantil no tiene nada que ver con las políticas de partido.

Porque al clima y a la biosfera no les importan nuestras políticas ni nuestra palabrería hueca.

Solo les importa lo que en verdad hacemos.

Este es un grito de socorro.

A todos los periódicos que siguen sin escribir ni informar sobre el cambio climático, a pesar de que este verano, cuando se produjeron los incendios en los bosques suecos, afirmaron que el clima era «la cuestión más importante de nuestra época».

A todos aquellos de ustedes que nunca hayan tratado esta crisis como una crisis.

A todas las personas influyentes que luchan por todo menos por el clima y el medio ambiente.

A todos los partidos políticos que fingen tomarse en serio la cuestión climática.

A todos los políticos que nos ridiculizan en las redes sociales, a quienes me han nombrado y avergonzado, instando a que la gente me llame retrasada, arpía y terrorista, entre otras muchas cosas.

A todos aquellos de ustedes que prefieren mirar hacia otro lado cada día porque parece que les asustan más los cambios que pueden impedir el cambio climático catastrófico que el cambio climático catastrófico en sí.

Su silencio es lo peor de todo.

El futuro de las próximas generaciones recae sobre sus espaldas.

Los que todavía somos niños no podremos cambiar lo que hagan ustedes ahora cuando seamos lo bastante mayores para hacer algo al respecto.

Cada persona cuenta.

Del mismo modo, cada emisión cuenta.

Cada kilo.

Todo cuenta.

Les pedimos, por tanto, que traten la crisis climática con la gravedad que le corresponde y nos garanticen un futuro.

Nuestra vida está en sus manos.*

* Del discurso en la Marcha por el Clima, Estocolmo, 8 de septiembre de 2018.

Nuestra casa está ardiendo.

Estoy aquí para decirles que nuestra casa está ardiendo.

Según el IPCC, en menos de doce años ya no podremos corregir nuestros errores.

En ese tiempo es necesario realizar cambios sin precedentes en todos los aspectos de la sociedad, entre ellos, reducir las emisiones de CO_2 al 50 por ciento como mínimo.

Por favor, tengan en cuenta que estas cifras no incluyen la cuestión de la equidad, que es absolutamente necesaria para que el Acuerdo de París funcione a escala mundial.

Tampoco incluyen puntos de inflexión ni ciclos de retroalimentación, como por ejemplo el potentísimo gas metano liberado a causa del deshielo del permafrost del Ártico.

En lugares como Davos a la gente le gusta contar sus historias de éxito. Pero hemos pagado un precio inimaginable por su éxito financiero.

Y en cuanto al cambio climático, tenemos que reconocer que hemos fracasado.

Todos los movimientos políticos, en su forma actual, han fracasado.

Y los medios de comunicación no han sabido crear una conciencia pública amplia.

Sin embargo, el *Homo sapiens* aún no ha fracasado. Sí, vamos camino del hundimiento, pero todavía estamos a tiempo de darle la vuelta a todo. Todavía podemos arreglarlo. Todavía está todo en nuestras manos.

Pero a menos que reconozcamos los fallos generales de nuestros sistemas actuales, lo más probable es que no tengamos ninguna posibilidad.

Nos enfrentamos a una catástrofe que traerá consigo un sufrimiento indescriptible para una cantidad enorme de personas. Y ahora no es el momento de hablar educadamente o fijarnos en lo que podemos o no podemos decir. Ahora es el momento de hablar con claridad.

Resolver la crisis climática es el mayor y más complejo desafío al que el *Homo sapiens* se ha tenido que enfrentar.

No obstante, la principal solución es tan simple que hasta un niño pequeño puede entenderla: tenemos que detener nuestras emisiones de gases de efecto invernadero.

O lo hacemos o no lo hacemos.

Ustedes dicen que en la vida nada es blanco o negro.

Pero es mentira. Una mentira muy peligrosa.

O impedimos un aumento de la temperatura de 1,5 °C o no lo impedimos.

O evitamos disparar esta reacción en cadena irreversible que ya escapa al control humano... o no lo evitamos.

O elegimos continuar como civilización o no lo elegimos.

Esto es incuestionablemente blanco o negro.

No hay grises cuando se trata de sobrevivir.

Ahora todos tenemos la posibilidad de elegir.

Podemos promover una acción transformadora que proteja las condiciones de vida para las generaciones futuras.

O seguir con nuestros asuntos como siempre y fracasar.

Depende de ustedes y de mí.

Algunas personas dicen que no deberíamos dedicarnos al activismo. Que deberíamos dejarlo todo en manos de nuestros políticos y limitarnos a votar por el cambio. Pero ¿qué hacemos si no hay voluntad política? ¿Qué hacemos cuando las políticas necesarias no se ven por ningún lado?

Aquí en Davos, como en todas partes, todo el mundo habla de dinero. Parece que el dinero y el crecimiento son nuestras principales preocupaciones.

Puesto que la crisis climática nunca se ha abordado como tal, la gente simplemente no es consciente de todas las repercusiones de nuestra vida diaria. La gente no sabe que existe algo llamado «presupuesto de carbono», ni de lo increíblemente ajustado que es a día de hoy. Y esto hay que cambiarlo ya.

Hoy en día no existe otro desafío más importante que promover una amplia conciencia pública y comprender que nuestro presupuesto de carbono, que se está consumiendo a toda velocidad, debería y tiene que convertirse en nuestra nueva moneda global, así como en el centro mismo de nuestra economía presente y futura.

Estamos en un momento de la historia en el que todo aquel que tenga algo que aportar sobre la crisis climática que amenaza nuestra civilización y la biosfera entera debe hablar sin reservas.

En un lenguaje claro.

Da igual lo incómodo o lo poco rentable que pueda resultar.

Debemos cambiar casi todo en nuestras sociedades actuales.

Cuanto mayor sea su huella de carbono, mayor será su deber moral.

Cuanto más grande es su estrado, mayor será su responsabilidad.

Los adultos dicen continuamente: «Tenemos que infundir esperanza a los jóvenes, se lo debemos».

Pero yo no quiero su esperanza.

No quiero que sean optimistas.

Quiero que entren en pánico.

Quiero que sientan el miedo que yo siento todos los días.

Y entonces quiero que actúen.

Quiero que actúen como lo harían si estuvieran en una crisis.

Quiero que actúen como si nuestra casa estuviera ardiendo.

Porque así es.*

* Del discurso en Davos, 25 de enero de 2019.

Todos los viernes nos sentaremos delante del Parlamento sueco hasta que Suecia cumpla con el Acuerdo de París.

Instamos a que todos hagáis lo mismo allí donde estéis: sentaos delante de vuestro Parlamento o sede de gobierno local hasta que vuestro país esté en la senda segura hacia un objetivo de menos de 2 °C de aumento de la temperatura.

Si incluimos todas las emisiones actuales de Suecia y Finlandia, entre ellas las de los vuelos comerciales, el transporte marítimo y las importaciones, y no perdemos de vista la cuestión de la equidad en relación con los países pobres, claramente definido en el Acuerdo de París y en el Protocolo de Kioto, los países ricos como Suecia y Finlandia tienen que empezar a reducir las emisiones como mínimo un 15 por ciento cada año, según la Universidad de Upsala.

Con ello daremos una oportunidad a los países en vías de desarrollo para que puedan mejorar su nivel de vida construyendo algunas de las infraestructuras de las que nosotros ya disponemos, como carreteras, hospitales, instalaciones eléctricas, etcétera.

Algunas personas dicen que deberíamos estar en el colegio. Otras que deberíamos estudiar para ser climatólogos y así poder «resolver la crisis climática». Pero esta crisis ya está resuelta. Ya tenemos los datos y las soluciones.

Lo único que hay que hacer es despertar y cambiar.

¿Y por qué debería estar estudiando por un futuro que pronto podría dejar de existir cuando nadie está haciendo absolutamente nada por salvarlo? Además, ¿qué sentido tiene aprender datos dentro del sistema educativo cuando es evidente que los datos más importantes que nos proporciona la ciencia más erudita dentro de ese mismo sistema educativo no significan nada para nuestros políticos y para nuestra sociedad?

Actualmente utilizamos cien millones de barriles de petróleo al día. No hay políticas para cambiar eso. No hay leyes para que ese petróleo se quede bajo tierra.

De modo que no podemos salvar el mundo acatando las reglas. Porque las reglas tienen que cambiar.

Todo tiene que cambiar.

Y tiene que empezar a cambiar hoy.

No hace falta desplazarse para protestar contra la crisis climática. Porque el cambio climático ya está por todas partes. Podéis quedaros de pie o sentados delante de un edificio gubernamental en cualquier lugar del mundo y será igual de útil. Podéis plantaros delante de cualquier compañía petrolera o energética, de cualquier tienda de comestibles, periódico, aeropuerto, gasolinera, productor de carne o cadena de televisión del mundo.

No se está haciendo lo suficiente ni por asomo.

Es necesario cambiarlo todo y que cambiemos todos.

El mes pasado el secretario general de las Naciones Unidas declaró que tenemos hasta 2020 para cambiar el rumbo e invertir la curva de emisiones para cumplir con el objetivo definido en el Acuerdo de París, o el mundo se enfrentará a «una amenaza existencial directa».

Si la gente supiera que, según los científicos, tenemos un 5 por ciento de posibilidades de alcanzar el objetivo de París, y fuese consciente del escenario de pesadilla al que nos enfrentaremos si no mantenemos el calentamiento global por debajo de los 2 °C, no me preguntaría por qué hago huelga estudiantil delante del Parlamento.

Porque si todos supieran lo grave que es la situación y lo poco que se está haciendo realmente al respecto, vendrían y se sentarían a nuestro lado.

En Suecia vivimos como si tuviéramos los recursos de 4,2 planetas. En Finlandia necesitáis 3,7 planetas. Por desgracia, Suecia gana.

Pero las huellas de carbono de ambos países están entre las más altas del mundo. Por ello pedimos a Suecia y a Finlandia, y a todos los demás países, que las detengan y empiecen a vivir dentro de los límites del planeta.

Este es un grito de socorro.

A todos los periódicos que nunca han tratado esta crisis como una crisis.

A todas las personas influyentes que luchan por todo menos por el clima y el medio ambiente.

A todos aquellos partidos políticos que fingen tomarse en serio la cuestión climática.

A todos aquellos de ustedes que prefieren mirar hacia otro lado todos los días porque parece que les asustan más los cambios que pueden impedir el cambio climático catastrófico que el cambio climático catastrófico en sí.

Su silencio es lo peor de todo.

El futuro de las próximas generaciones recae en ustedes.

Mucha gente dice que Suecia y Finlandia no son más que dos países pequeños y que no importa lo que hagamos. Pero si unos pocos niños y niñas podemos llegar a las portadas de los periódicos de todo el mundo solo por faltar al colegio unas pocas semanas, imagínense lo que podríamos conseguir todos juntos si quisiéramos.

Cada persona cuenta.

Como cuenta cada emisión.

Cada kilo.

Les pedimos, por tanto, que traten la crisis climática como la grave crisis que es y nos den un futuro.

Nuestra vida está en sus manos. *

* De los discursos en Bruselas y Helsinki, el 6 y el 20 de octubre de 2018.

Durante veinticinco años, infinidad de personas se han plantado frente a la sede donde se celebraban las conferencias sobre el clima de las Naciones Unidas para pedir a los dirigentes de nuestros países que detengan las emisiones nocivas. Pero es evidente que no ha surtido efecto, porque las emisiones continúan aumentando.

De modo que no les pediré nada a los dirigentes.

En su lugar pediré a los medios de comunicación que empiecen a tratar la crisis como una crisis.

En su lugar pediré a la gente de todo el mundo que sea consciente de que nuestros líderes políticos nos han fallado.

Porque nos enfrentamos a una amenaza existencial y ya no hay tiempo para continuar con esta carrera de locos.

Los países ricos como Suecia tienen que empezar a reducir sus emisiones como mínimo un 15 por ciento cada año para cumplir con el objetivo de calentamiento del 2 °C.

Sería lógico esperar que nuestros dirigentes y los medios de comunicación no hablaran de otra cosa, pero ni siquiera lo mencionan.

Tampoco se habla apenas de que estamos inmersos en la sexta extinción masiva y que hasta doscientas especies se extinguen a diario.

Por otra parte, nunca se habla del principio de equidad o justicia climática, claramente expuesto en el Acuerdo de París, algo absolutamente necesario para que este funcione a escala mundial.

Eso significa que los países ricos tienen que reducir las emisiones a cero en un plazo de seis a doce años a la velocidad actual de las emisiones, y eso para que las personas que viven en los países más pobres puedan mejorar su nivel de vida construyendo algunas de las infraestructuras de las que nosotros ya disponemos, como carreteras, hospitales, instalaciones eléctricas, escuelas y agua potable. Porque ¿cómo podemos esperar que países como la India, Colombia o Nigeria se preocupen por la crisis climática si nosotros, que lo tenemos todo, no nos preocupamos ni un segundo por ella ni por nuestros compromisos con el Acuerdo de París?*

Mucha gente dice que Suecia es un país pequeño y que no importa lo que hagamos. Pero ahora sé que nadie es demasiado pequeño para marcar la diferencia. Y si unos pocos niños y niñas podemos acaparar los titulares de todo el mundo solo por faltar al colegio, imagínense lo que podríamos conseguir todos juntos si de verdad quisiéramos. Pero para conseguirlo tenemos que hablar con claridad, por muy in-

* Del discurso ante el secretario general de la ONU, en la reunión de YOUNGO COP24 en Katowice, 3 de diciembre de 2018.

cómodo que pueda resultar. Ustedes solo hablan del eterno crecimiento económico verde porque les asusta demasiado ser impopulares. Solo hablan de seguir adelante con las mismas malas ideas que nos han llevado a esta situación desastrosa, aunque lo único sensato ahora sería accionar el freno de emergencia.

No son lo bastante maduros para llamar a las cosas por su nombre. Incluso esa carga están dejando a sus hijos. Pero a mí no me importa nada la popularidad: a mí me importa la justicia climática y que el planeta siga vivo.

Estamos a punto de sacrificar nuestra civilización por las oportunidades de ganar enormes cantidades de dinero para un reducido número de personas. Estamos a punto de sacrificar la biosfera para que los ricos de países como el mío puedan vivir con lujos. Pero es el sufrimiento de muchos lo que costea los lujos de esos pocos.

Hasta que empiecen a centrarse en lo que es preciso hacer y no en lo que es políticamente posible no habrá esperanza. No podemos resolver una crisis sin tratarla como tal. Tenemos que dejar los combustibles fósiles bajo tierra y tenemos que centrarnos en la equidad.

¿Y si las soluciones fueran tan imposibles de encontrar en este sistema que quizá lo que tengamos que hacer sea cambiar el sistema en sí?

No hemos venido aquí a suplicar a los líderes del mundo que se preocupen por este problema. No nos hicieron caso en el pasado y seguirán sin hacernos caso. A ustedes se les han acabado las excusas y a nosotros se nos está acabando el tiempo. Hemos venido aquí a hacerles saber que el cambio está llegando, les guste o no.

El verdadero poder pertenece al pueblo.*

* Discurso en la conferencia de la ONU sobre el cambio climático (COP24), Katowice, 3 de diciembre de 2018.

Últimamente he visto circular muchos rumores sobre mí y un odio enorme. No me sorprende. Sé que, al no haber mucha conciencia de todo lo que implica el cambio climático (lo que es comprensible, puesto que nunca se ha tratado como una crisis), una huelga estudiantil por el clima puede parecerle algo extraño a la gente. Así que permítanme hacer varias aclaraciones sobre esta huelga estudiantil.

En mayo de 2018 fui una de las ganadoras de un concurso de redacciones sobre el medio ambiente organizado por *Svenska Dagbladet*, un periódico sueco. Conseguí que me publicaran el artículo y varias personas se pusieron en contacto conmigo, entre ellas Bo Thorén, de la asociación sin ánimo de lucro Fossilfritt Dalsland. Lideraba un grupo compuesto sobre todo por jóvenes que querían hacer algo por la crisis climática.

Mantuve unas cuantas charlas telefónicas con otros activistas. El objetivo era pensar en ideas para nuevos proyectos que atrajeran la atención del público sobre el tema del cambio climático. Bo tenía varias propuestas de actividades que podíamos hacer, desde marchas hasta una especie de huelga estudiantil (que los alumnos hicieran algo en los patios o en las aulas de sus colegios). Esa idea estaba inspirada en los estudiantes de Parkland, que se habían negado a ir al colegio tras los tiroteos.

Me gustó el concepto de una huelga estudiantil. Así que lo desarrollé e intenté que otros jóvenes se unieran a mí, pero nadie mostró mucho interés. Creían que tendría más impacto una versión sueca de la marcha «Zero Hour». De modo que continué planeando la huelga estudiantil yo sola, y después de eso no participé en más reuniones.

Cuando les conté a mis padres mis planes no mostraron mucho entusiasmo. No apoyaban la idea de una huelga estudiantil y dijeron que si seguía adelante con ella, tendría que hacerlo sola, sin su apoyo.

El 20 de agosto me senté delante del Parlamento sueco. Repartí folletos con una larga lista de datos sobre la crisis climática junto con explicaciones sobre mis motivos para hacer huelga. Lo primero que hice fue anunciar en Twitter e Instagram lo que me proponía, y enseguida se hizo viral. Luego empezaron a llegar los periodistas y los medios de comunicación. Ingmar Rentzhog, un empresario y emprendedor sueco que también es activista del movimiento climático, fue de los primeros en aparecer. Habló conmigo e hizo fotos que colgó en Facebook. Esa fue la primera vez que lo vi y que hablé con él.

A mucha gente le gusta hacer circular rumores sobre que hay alguien «detrás de mí» o sobre que me «pagan» o me «utilizan» para hacer lo que hago. Pero «detrás» de mí solo estoy yo misma. Mis padres no podían estar más alejados del activismo climático antes de que yo les hiciera tomar conciencia de la situación.

No formo parte de ninguna organización. A veces he apoyado y colaborado con varias entidades no gubernamentales que trabajan por el clima y el medio ambiente. Pero soy totalmente independiente y solo me represento a mí misma. Y hago lo que hago de forma totalmente gratuita. No he recibido dinero ni ningún tipo de promesa de futuros pagos. Ni lo ha hecho nadie vinculado a mí o a mi familia.

Y, desde luego, seguirá siendo así. No he conocido ni a un solo activista del cambio climático que esté en la lucha por dinero. Es algo totalmente absurdo.

Además, solo viajo con autorización de mi colegio y mis padres sufragan mis desplazamientos y el alojamiento.

Y, sí, escribo mis discursos. Pero como sé que lo que digo va a llegar a mucha mucha gente, a menudo pido opinión. También cuento con la ayuda de científicos a la hora de explicar las cuestiones más complicadas. Quiero que todo sea extremadamente preciso para no difundir información errónea o cosas que puedan malinterpretarse.

Hay personas que se burlan de mi diagnóstico. Pero el síndrome de Asperger no es una enfermedad, es un regalo. Los hay también que dicen que una persona con Asperger no podría haberse metido en esta situación. Pero esa es exactamente la razón por la que lo he podido hacer. Porque si hubiera sido «normal» y sociable, me habría apuntado a alguna organización o fundado la mía propia. Pero, como no se me daba muy bien socializar, en lugar de eso, opté por esto. Me frustraba tanto que no se hiciera nada por la crisis climática que sentí que tenía que hacer algo, lo que fuera. Y a veces NO HACER cosas —como sentarte delante del Parlamento— vale más que hacerlas. De la misma manera que un susurro a veces se oye más que un grito.

Luego está la queja de que «hablo y escribo como un adulto». Y ante eso solo puedo decir: ¿no creen que una chica de dieciséis años puede hablar por sí misma? También hay gente que opina que simplifico excesivamente las cosas. Por ejemplo, cuando digo que «la crisis climática es una cuestión de blanco o negro», que «necesitamos detener las emisiones de gases de efecto invernadero» y que «quiero que entren en pánico». Pero solo lo digo porque es cierto. Sí, la crisis climática es el problema más complejo al que nos hemos enfrentado nunca y vamos a tener que poner todo de nuestra parte para «detenerla». Pero la solución es blanco o negro; necesitamos detener las emisiones de gases de efecto invernadero.

O impedimos que el calentamiento global supere el 1,5 °C o no lo impedimos. O alcanzamos un punto de inflexión en el que desencadenamos una reacción en cadena irreversible que está más allá del control humano... o no lo alcanzamos. O elegimos continuar como civilización o no lo elegimos. No hay grises cuando se trata de sobrevivir.

Y cuando digo que quiero que entren en pánico, quiero decir que debemos tratar la crisis como una crisis. Cuando tu casa está ardiendo, no te sientas y te pones a hablar de lo bonita que quedará cuando la reconstruyas tras un incendio. Saldrás corriendo y te asegurarás de que todos estén fuera cuando llames a los bomberos. Para eso se necesita cierto nivel de pánico.

Hay otra objeción contra la que no puedo hacer nada. Y es el argumento de que soy «solo una niña, y no deberíamos escuchar a los niños». Pero eso se arregla fácilmente: empiecen a escuchar en su lugar los sólidos argumentos científicos. Porque si todos escucharan a los expertos y los datos a los que constantemente me refiero, nadie tendría que escucharme a mí ni a los cientos de miles de estudiantes que están en huelga por el clima en todo el mundo. Todos podríamos volver al colegio. Yo solo soy una mensajera, y sin embargo, recibo todo ese odio. No estoy diciendo nada nuevo, solo repito lo que los científicos llevan décadas diciendo. Y estoy de acuerdo con ustedes: soy demasiado joven para hacer esto.

Los niños no deberíamos tener que hacer esto. Pero como prácticamente nadie está haciendo nada, y es nuestro futuro el que está en peligro, creemos que tenemos que seguir adelante.

Si tienen alguna otra duda o inquietud sobre mí, pueden escuchar la charla TED en la que explico cómo empezó mi interés por el clima y el medio ambiente.

¡Gracias a todos por su apoyo! Me llena de esperanza.*

* De un post en Facebook, 2 de febrero de 2019.

Me llamo Greta Thunberg y soy una activista sueca contra el cambio climático. Y hoy me acompañan Anuna De Wever, Adéleïde Charlier, Kyra Gantois, Gilles Vandaele, Dries Cornelissens, Toon Lambrecht y Luisa Neubauer.

Decenas de miles de niños y niñas están haciendo huelga estudiantil por el clima en las calles de Bruselas. Cientos de miles están haciendo lo mismo en el resto del mundo. Estamos haciendo huelga estudiantil porque hemos hecho nuestros deberes. Hoy estamos aquí ocho de nosotros.

La gente siempre nos dice que tiene grandes esperanzas. Confía en que la juventud salvará el mundo. Pero no lo haremos. Sencillamente no hay tiempo suficiente para esperar a que crezcamos y nos hagamos cargo. Porque antes del año 2020 deberíamos haber invertido la curva de las emisiones. Eso es el año que viene.

Sabemos que la mayoría de los políticos no quieren hablar con nosotros. Bueno, nosotros tampoco queremos hablar con ellos. Queremos que en vez de eso hablen con los científicos, que los escuchen. Porque solo estamos repitiendo lo que ellos están y han estado diciendo desde hace décadas. Queremos que cumplan ustedes con el Acuerdo de París y el informe del IPCC. No tenemos ningún otro manifiesto o exigencia, solamente que apoyen a la ciencia. Esa es nuestra petición.

Cuando la mayoría de los políticos hablan de las huelgas de estudiantes por el clima, hablan de casi todo excepto de la crisis climática. Mucha gente está intentando convertir las huelgas estudiantiles en un debate sobre si estamos promoviendo el absentismo escolar o si deberíamos estar o no en el colegio. Se inventan toda clase de conspiraciones y nos llaman títeres incapaces de pensar por nosotros mismos. Están intentando desesperadamente distraernos de la crisis climática y hacernos cambiar de tema. No quieren hablar de ello porque saben que no pueden ganar esta batalla. Porque saben que no han hecho los deberes. Pero nosotros sí los hemos hecho.

Cuando uno hace los deberes, se da cuenta de que necesitamos una nueva política. Necesitamos una nueva economía en la que todo se base en el descenso acelerado de nuestro extremadamente limitado presupuesto de carbono.

Pero no es suficiente. Necesitamos una nueva forma de pensar. El sistema político que ustedes han creado se basa en la competencia. Engañan cuando pueden porque lo único que importa es ganar. Obtener poder. Eso tiene que terminar. Debemos dejar de competir unos contra otros. Tenemos que empezar a cooperar y compartir de forma justa los recursos que quedan en este planeta. Tenemos que empezar a vivir dentro de los límites de la Tierra, centrarnos en la equidad y retroceder unos cuantos pasos por el bien de todas las especies vivas. Tenemos que proteger la biosfera. El aire. Los océanos. Los bosques. La tierra.

Puede que esto suene muy ingenuo. Pero si han hecho los deberes, sabrán que no nos queda otra opción. Necesitamos concentrar todo nuestro ser en el cambio climático. Porque si no lo conseguimos, todos nuestros logros y progresos habrán sido en balde y lo único que quedará del legado de nuestros dirigentes políticos será el mayor fracaso en la historia de la humanidad. Y serán recordados como los mayores villanos de todos los tiempos porque habrán elegido no escuchar y no actuar. Pero no tiene por qué ser así. Todavía hay tiempo.

Según el informe del IPCC estamos a once años de una situación en la que tendrá lugar una reacción en cadena irreversible que escaparía al control humano. Para evitarlo, es necesario realizar cambios sin precedentes en todos los aspectos de la sociedad en el transcurso de la próxima década, entre ellos, haber reducido las emisiones de CO_2 al 50 por ciento para el año 2030.

Estas cifras, ténganlo en cuenta, no incluyen la cuestión de la equidad, que es absolutamente necesaria para que el Acuerdo de París funcione a escala mundial. Tampoco incluyen puntos de inflexión ni ciclos de retroalimentación, como el potentísimo gas metano liberado a causa del deshielo del permafrost del Ártico. Lo que sí incluyen son tecnologías de emisión negativa a escala planetaria que todavía están por inventar, que muchos científicos temen que no estén desarrolladas a tiempo, y que, en cualquier caso, será imposible poner en marcha en la escala requerida.

Nos han dicho que la Unión Europea tiene previsto mejorar el objetivo de reducción de emisiones que se ha marcado. En el nuevo objetivo se propone reducir las emisiones que desencadenan el cambio climático un 45 por ciento, por debajo de los niveles de 1990, en el año 2030. Hay gente que dice que esto es bueno; otras que es ambicioso.

Pero este nuevo objetivo no basta para mantener el calentamiento global a 1,5 °C. No es suficiente si se quiere proteger el futuro de los niños y niñas que están creciendo hoy. Si la Unión Europea quiere contribuir de manera justa al mantenimiento del presupuesto de carbono a los 2 °C necesita una reducción mínima del 80 por ciento para el año 2030, y eso incluye los vuelos comerciales y el transporte marítimo. Es decir, casi el doble de ambicioso que la propuesta actual. Las medidas que hay que tomar van más allá de cualquier manifiesto o política de partido.

Una vez más esconden su desastre bajo la alfombra para que nuestra generación lo limpie y lo solucione.

Hay gente que dice que estamos luchando por nuestro futuro, pero no es verdad. No es por nuestro futuro por lo que luchamos. Luchamos por el futuro de todos.

Y si creen que deberíamos estar en el colegio en lugar de aquí, entonces les sugerimos que ocupen nuestro lugar en las calles y falten al trabajo. O mejor aún, que se unan a nosotros para que podamos acelerar el proceso.

Lo siento, pero decir que todo se arreglará mientras se continúa sin hacer nada no nos da esperanza. Produce, de hecho, el efecto contrario. Y, a pesar de todo, es exactamente lo que ustedes siguen haciendo. No pueden quedarse de brazos cruzados esperando que llegue la esperanza. Están comportándose como niños malcriados e irresponsables. No parecen comprender que la esperanza es algo que uno se gana. Y si aun así insisten en que estamos «malgastando un valioso tiempo de clase», permítanme que les recuerde que nuestros dirigentes políticos han malgastado décadas con su negación e inactividad.

Y como es nuestro tiempo el que se acaba, hemos decidido actuar.

Hemos empezado a limpiar su desastre.

Y no pararemos hasta que hayamos acabado.*

* Del discurso ante el Consejo Económico y Social de la Unión Europea, Bruselas, febrero de 2019.

SKOLSTREJK
FÖR
KLIMAT

«Invitar a Greta Thunberg es un acto de alto riesgo. La adolescente sueca de dieciséis años ha irrumpido como un ciclón desde ese ente abstracto llamado sociedad civil para devolver la lucha contra el cambio climático a un primer plano. Su retórica deslenguada ha cautivado a cientos de miles de estudiantes y la ha convertido en una suerte de estrella pop. Su estela deja altas dosis de reproches a unas élites habituadas a la complacencia y acostumbradas a emplear ante los jóvenes un discurso cargado de buenas intenciones, pero a menudo vacío y paternalista.»

El País

«La generación Z o post millenial tiene un nombre de mujer: Greta Thunberg, una escolar sueca de dieciséis años cuya protesta contra la inacción de los gobiernos frente al cambio climático se ha extendido como un reguero de pólvora por numerosos países.»

La Vanguardia

«Todo es inquietante en Greta Thunberg. Su mirada, su sonrisa jamás completa, sus frases cortas llenas de contenido, sus silencios, su timidez. Y la incapacidad de mentir y de dejar pasar las cosas, la obstinación, la nobleza, la sinceridad, la carencia de maldad o la certeza de que no hay grises, al menos cuando se trata de la supervivencia de la especie humana.»

Carlos Márquez Daniel, *El Periódico*

«Es irónica, directa, a veces sarcástica. Lo opuesto de tierna. [...] Como una Casandra en la era del cambio climático, su acto solitario de desobediencia civil la ha convertido en, digamos, un producto mundial. Ha inspirado numerosas manifestaciones de niños en otras partes, ha iniciado un debate sobre si los niños deben faltar a la escuela a favor de la acción contra el cambio climático.»

The New York Times

«Si la humanidad gana un día la batalla contra el cambio climático, podrá agradecérselo a esta testaruda joven sueca. Armada con su gorro de lana y sus trenzas, ha tenido éxito allá donde miles de científicos y militantes han fracasado, a pesar de sus gráficos y sus eslóganes: confrontarnos con la gravedad de una crisis sin precedentes, con la urgencia de actuar para detener el calentamiento global. Si en cambio la humanidad fracasa, la mirada de Greta Thunberg le recordará para siempre que ha sido incapaz de cambiar las cosas.»

Le Soir

También en Lumen

GRETA THUNBERG

MALENA ERNMAN, SVANTE THUNBERG Y BEATA ERNMAN

NUESTRA CASA ESTÁ ARDIENDO

UNA FAMILIA Y UN PLANETA EN CRISIS

Toda la familia de Greta Thunberg —su hermana Beata, dos años menor; su madre, la cantante Malena Ernman, y su padre, Svante Thunberg— tiene un férreo compromiso con la cuestión del cambio climático. Todos juntos han escrito *Nuestra casa está ardiendo*, donde también cuentan con sinceridad cómo es la vida después de que a las dos hermanas les diagnosticaran síndrome de Asperger y varios trastornos de tipo obsesivo-compulsivo. Fueron ellas quienes lograron que sus padres se involucraran en la lucha por la protección del medio ambiente.